AF500344

LA FLORE DES SALONS

OU

BOTANIQUE PITTORESQUE

PAR

MADAME LEPRINCE DE B***,

ÉLÈVE DE VANDAEL

ET MEMBRE DE L'ACADÉMIE DE FALAISE, AINSI QUE DE PLUSIEURS SOCIÉTÉS SAVANTES.

Typographie de Firmin Didot Frères, Libraires,
Imprimeurs de l'Institut de France,
Rue Jacob, 56.

1840.

LA FLORE DES SALONS,

OU

BOTANIQUE PITTORESQUE.

En publiant cet ouvrage, je n'ai pas la prétention d'offrir au public une Flore supérieure à celles ui sont déjà connues, mais l'espoir de contribuer par mon travail à rendre l'étude de la botanique lus facile, plus récréative, plus générale, en ne butinant dans ce qui a été observé par d'autres, ue ce qui peut intéresser davantage, soit dans la culture, soit dans les propriétés, soit dans l'his-oire des fleurs ou des arbustes qui ornent nos jardins et embellissent nos champs; j'ajoute à ce tra-ail, comme une innovation qui peut être accueillie favorablement, une méthode claire et simple our peindre les fleurs à l'aquarelle; mes dessins présenteront, j'espère, à l'amateur quelques ompositions heureuses qu'il pourra copier sans le secours d'un maître, en suivant seulement les ndications données dans mes articles.

Si la plupart des personnes qui habitent la campagne se rendaient compte de l'existence, de la eproduction et des vertus de ces petits êtres qui les entourent, elles trouveraient moins de mo-otonie dans les instants qu'elles passent dans la solitude, et plus de charmes dans les scènes de la ature; les fleurs sont en effet de jolies créatures qui vivent, qui réclament des soins, qui répon-ent à notre affection par leur beau développement, qui nous font admirer sans cesse leurs formes, eurs couleurs, leurs parfums; puis le moindre brin d'herbe que nous foulons aux pieds, a sa des-nation, comme l'arbre le plus majestueux; car la Divinité n'a rien fait qui n'ait un but utile, t qui ne soit appelé à l'harmonie de l'ensemble. Combien on se trouve élevé par l'examen du ectacle imposant de la nature, surtout si l'on pense que tout ce qui nous entoure a été créé pour otre jouissance! quelle douce saturation de bonheur vient s'emparer de nous!... Le bonheur..... élas!... il est quelquefois à notre porte, et nous nous épuisons pour aller le chercher au loin; de or, de l'or, toujours de l'or! voilà l'idée fixe de la majorité de l'espèce humaine, le rêve qui s'em-are de toutes ses facultés, le désir insatiable qui l'accompagne, la conduit jusqu'au bord de la ombe!.... et pourtant, combien peu est exigeante la vraie félicité!.... une famille, quelques amis ncères, des fleurs à cultiver, telles sont les bornes de l'ambition du sage. Puisse donc cette entre-rise contribuer à faire naître plus généralement cet amour de la campagne qui garantit des mœurs ures et des occupations aussi gracieuses que durables!

La moindre fleur des champs, dans sa simplicité,
Fut prise du néant pour notre utilité:
Sans éclat, sans odeur, attirant peu la vue,
Semblable à la vertu bien souvent méconnue,
Vous la foulez aux pieds, et ne vous doutez pas
De tout ce merveilleux abîmé sous vos pas!
Oh! combien à mes yeux vous resteriez coupable

Si, fuyant de la ville, où le bruit vous accable,
Venant vous délasser au milieu de nos fleurs,
De nos bois, de nos champs, vous pouviez dans vos cœurs
Conserver des regrets pour ces joies éphémères,
Qui très-souvent, hélas! deviennent bien amères,
Leur consacrer encore un trop long souvenir,
Sacrifier ainsi vos moments de loisir,
Et si, de la nature admirant peu le charme,
Votre âme, en la voyant, conservait tout son calme!
Ah! pourquoi n'ai-je pas de moins faibles accents,
Car alors je viendrais pour charmer ces moments
Où l'ennui vous poursuit!... je vous dirais l'empire
Que la nature exerce, et l'amour qu'elle inspire
Quand, pour la mieux comprendre, on cherche à pénétrer
Ses beautés, ses secrets, qu'il nous faut admirer.
Puis, combien cette étude est douce, est attachante,
Et comme, en poursuivant, on la trouve attrayante!
Si je pouvais enfin, par mon faible travail,
Ne point vous fatiguer par un trop long détail,
En vous faisant aimer même la solitude,
Si vous la consacrez à des moments d'étude,
Combien je me louerais de tout mon temps passé,
Le trouvant à ce prix bien noblement payé!

En livrant cet ouvrage au public, qu'il me soit permis de confesser avec sincérité que c'est forcée, et pour ainsi dire malgré moi, que je lui donne de la publicité; je suis loin de venir me poser en femme d'esprit, en femme auteur; je reconnais mon infériorité à toutes celles qui portent ce nom, et le soutiennent avec avantage, tant par les dons naturels, que par les moyens acquis; et suivant mes goûts simples, préférant une existence tranquille et retirée, mon nom fût naturellement resté dans l'oubli, si des circonstances pénibles, en me faisant contracter des obligations sacrées, ne m'avaient imposé la nécessité de former un ouvrage qui, si j'ose le croire, en réalisant mes espérances, me mettra à même de remplir mes engagements. Mais si, joignant tous mes efforts, je n'approchais pas du but que je me propose, si, malgré mon vif désir et les soins les plus minutieux, l'ensemble de mon ouvrage restait en dessous de ce que le public attend peut-être, qu'il me juge avec indulgence, et comme femme d'abord, et par suite des motifs qui m'engagent à écrire.

C[esse], Ve LEPRINCE DE B***.

FANTAISIE.

Oh! combien j'aime à voir les fleurs et la verdure
Se couvrir de rosée aussi douce que pure,
Et lorsque tout est calme, à l'heure où le jour fuit,
Que le soleil n'est plus sans qu'il soit déjà nuit,
Près du bord d'un ruisseau dont l'eau coule paisible,
Je viens porter mes pas pour y rêver tranquille!
Quand, succédant au jour, l'ombre vient lentement
Dérober les objets, tout en les confondant,
Alors seule et pensive, admirant la nature,
N'entendant près de moi que l'onde qui murmure,
Ou le cri triste et lent du sombre oiseau de nuit,
Je pense à ma souffrance... au bonheur qui me fuit...
Et mon âme, livrée à la mélancolie,
Renonce sans regret au charme de la vie!
. . . .
Assise près du bord de ce large ruisseau,
Un soir que tristement j'écoutais couler l'eau,
Mes yeux furent surpris d'une clarté brillante,
Et mon âme étonnée en demeurait tremblante,
Quand une voix suave, en s'adressant à moi,
Par de tendres accords vint calmer mon effroi,
Elle vanta l'amour, ses charmes, sa puissance,
Ses moments de bonheur, ses rêves d'espérance.
Oh! que mon cœur battait, hélas! en l'écoutant!
Et comme pour l'entendre, à peine respirant,
Je retenais mon souffle! ah! j'avais l'âme émue,
Et malgré moi des pleurs obscurcissaient ma vue.
Mais j'entendis la voix d'un ton plus sérieux
Faire un très-long détail de malheurs bien affreux,
Me peignant de l'amour la trop grande inconstance,
Son égoïsme froid, dans sa persévérance,
Et puis le comparant à ce duvet léger
Qui se pose cent fois, qu'un souffle fait changer,
Ne pouvant se fixer, se perdant vers la nue,
Ou bien au papillon, qui brille à notre vue,
Sait charmer tous les yeux, mais ne vivant qu'un jour,
En marque chaque instant par un nouvel amour.
Puis la voix m'expliqua les tourments de l'absence,
Ceux qui naissent aussi d'une vaine espérance,
Et ceux bien plus affreux, qui, torturant le cœur,
Font de son existence une longue douleur.
Ce serpent dévorant, qui, nommé jalousie,
Vient comme un noir poison consumer votre vie,
Vous enlaçant sans cesse en troublant vos esprits,
Vous étouffe et vous tue en ses nombreux replis!!!

Oh! mon Dieu! m'écriai-je, à la douleur livrée,
Est-ce là le bonheur, le bonheur d'être aimée?
Suis-je donc condamnée à vivre sans amour,
Ou faudra-t-il mourir pour aimer un seul jour?
Ah! dit la voix tout bas, dissipez vos alarmes,
Il est un sentiment n'ayant pas moins de charmes,
D'un être malheureux partageant la douleur,
Il encourage l'âme, en consolant son cœur,
Ce n'est donc pas l'amour? répondis-je étonnée.
Oh! non vraiment, dit-elle, et trop longtemps trompée,
Vous avez confondu cette divinité.
Comment la nommez-vous? dites-moi?... — L'amitié!!!
. . . .
Alors il me sembla voir éteindre la flamme,
Puis je sentis faiblir et mon cœur et mon âme...
Soudain je m'éveillai; près de moi ne vis rien,
Que mon chien à mes pieds, qui me léchait la main!

CHAPITRE PREMIER.

LA TULIPE.

Tulipa gesneriana.

(FAMILLE DES LILIACÉES).

FLEUR. — Six pétales ovales, obtus, égaux, ouverts en cloches, disposés sur deux rangs. — Six étamines à filaments, comprimées à leur base, portant à leur sommet des anthères ovales, oblongues, droites, à deux loges. — Un ovaire supérieur, oblong, triangulaire, surmonté d'un stigmate sessile, à trois lobes sillonnés dans leur milieu.

FRUIT. — La capsule formant trois carpels unis. — Graines nombreuses, planes, arrondies, et disposées sur deux rangs dans chaque carpel, les unes au-dessus des autres, fixées au centre.

FEUILLE. — Trois ou quatre feuilles dans la partie inférieure, souvent radicales, lancéolées, assez épaisses, canaliculées, d'un vert glauque, sessiles et alternes.

RACINE. — Bulbe (oignon) ovale un peu conique, de la grosseur d'une noix, blanche en dedans, revêtue extérieurement d'une tunique presque membraneuse, d'un brun rougeâtre ou marron.

PORT. — Tige cylindrique, haute de douze à dix-huit pouces, glabre comme tout le reste de la plante.

LIEU. — Originaire de Constantinople.

CULTURE. — On multiplie la tulipe de deux manières : par les caïeux que produisent les oignons parvenus à l'état parfait, et par les graines. Par le premier moyen, les nouvelles fleurs que l'on obtient ressemblent presque toujours à celles d'où elles proviennent; ce n'est que par le second que l'on peut espérer de nouvelles variétés. Les graines, qu'il faut laisser parfaitement mûrir avant de les récolter, se sèment à la fin de l'été ou au commencement de l'automne, dans une plate-bande de terre légère, un peu sableuse, non fumée depuis longtemps, mais ayant supporté plusieurs labours : après avoir répandu les graines sur le sol, on les couvre d'un demi-pouce de terre, et l'on ajoute autant de terreau. Le semis n'a rien à craindre des gelées ordinaires, surtout dans le courant de l'hiver; mais il faut avoir soin de le couvrir avec de la paille ou de la litière, lorsqu'il survient des froids un peu forts à la fin de l'hiver, au moment où les graines sont levées. C'est dans le courant de mars que les feuilles commencent à se montrer, et, la première année, c'est tout ce que les jeunes plants produisent. Comme les bulbes qui forment leur racine sont très-petites, on les laisse, sans les déranger de place, jusqu'à la fin de la troisième année; on a seulement le soin de les débarrasser des mauvaises herbes, par plusieurs sarclages dans le cours du printemps et de l'été; et tous les ans, à l'automne, on recouvre les plates-bandes de quelques lignes de bon terreau. Au commencement de la quatrième année, les jeunes oignons sont bons à être relevés de terre pour être plantés à l'automne, à quatre pouces les uns des autres, en tout sens, et on les laisse dans cette nouvelle plantation jusqu'à ce qu'ils aient fleuri, ce qui arrive vers la sixième année.

Lorsqu'on multiplie les caïeux, il faut avoir soin de choisir un beau temps, et celui surtout où il n'ait pas plu depuis plusieurs jours.

La floraison des tulipes commence ordinairement, dans le climat de Paris, vers la mi-avril; elle est terminée au 15 mai. On appelle hâtives celles qui fleurissent les premières; mais les plus belles sont presque toujours les dernières. Pour les conserver le plus possible, il faut éviter qu'elles soient exposées à de grandes pluies, comme à une trop grande ardeur du soleil : à cet effet, on emploie de petites tentes portatives, qu'on place, par le moyen de piquets, au-dessus de chaque plate-bande; et on les retire à volonté.

Parmi les nombreuses espèces de tulipes, il en est une fort jolie, qui peut, si on la cultive dans un appartement chaud, tromper la rigueur de la saison, et nous rappeler les charmes du printemps au moment de la température la plus froide. C'est la tulipe odorante (*tulipa flagrans*), vulgairement connue sous le nom de Duc de Tôle. Sa tige n'a que quelques pouces d'élévation; elle se termine par une fleur rougeâtre, jaune à ses deux extrémités. On en plante plusieurs dans un même pot, que l'on met, à l'entrée de l'hiver, dans un appartement où puisse régner une chaleur assez élevée. Elle reste en fleur près d'un mois, et, en activant ces fleurs graduellement, on peut se procurer cet avantage tout l'hiver.

EXTRAIT MÉDICAL.

Aucune des parties de la tulipe ne sert en médecine : peut-être sa bulbe pourrait-elle être employée comme provenant de celle du lis, qui elle-même est d'un usage fort restreint.

Il ne faut pas confondre la tulipe des jardins avec la fleur du tulipier (*lyriodendrum tulipifera*), genre de plante dicotylédone, arbre de la famille des magniolacées, fort employé, dans l'Amérique septentrionale, comme tonique et fébrifuge.

COURS DE PEINTURE.

FLEUR. — Teinte générale : bleu cobalt mêlé de teinte neutre en ménageant les endroits qui doivent tout à fait rester blancs ou jaunes, ayant soin d'amener légèrement la couleur vers les blancs, en l'y fondant avec un autre pinceau. — Jaune : gomme-gutte très-claire. — Retouche des jaunes : dans les parties brillantes, jaune de chrôme mêlé d'un peu de pierre de fiel. — Dans les ombres : terre d'ombre mêlée de terre de Sienne brûlée. — Panaches noirs : noir d'ivoire. — Panaches rouges : carmin pur. — Pour donner un ton très-brillant au carmin, vous mettez avant lui de la gomme-gutte ni trop claire, ni trop épaisse, ce qui vous donne un ton chaud et brillant. — Retouche du carmin : vous foncez plus ou moins votre carmin, soit avec de la sépia, de la teinte neutre, ou du carmin brûlé.

FEUILLES. — Vert général : gomme-gutte bleu indigo. — Retouche : gomme-gutte, bleu indigo, sépia et terre de Sienne brûlée.

HISTOIRE.

C'est à la persévérance des Hollandais que nous sommes redevables des plus belles variétés de tulipe : la culture de cette plante devint pour eux une passion tellement remarquable, que plusieurs ne craignirent pas de payer un oignon de cette fleur jusqu'à cinq mille florins ; l'un d'eux donna même une brasserie considérable en échange d'un seul oignon de tulipe. L'autorité fut obligée d'intervenir, pour calmer l'espèce de délire qui s'emparait d'eux, au point de leur faire faire toute espèce de folies pour posséder ces fleurs.

Originaire de Constantinople, la tulipe fut envoyée à Augsbourg, où elle fut remarquée pour la première fois, en 1550, par Conrad Gessner, l'homme le plus savant de son siècle. La tulipe ne fut cultivée en France qu'en 1610, et ce fut encore un savant célèbre, Peiresc, qui le premier la cultiva à Aix.

La fête des tulipes, donnée en Turquie par les sultanes au Grand Seigneur, est remarquable, non-seulement par sa solennité, mais encore par la féerie qui, pour ainsi dire, y préside. Ce jour-là, les jardins du sérail sont illuminés et remplis de tulipes posées en amphithéâtre sur des gradins décorés en verres de couleur ; les sultanes, dont la beauté ne le cède point à l'élégance de leur mise, la musique presque mystérieuse que l'on entend, l'air embaumé que l'on respire, tout doit produire un effet magique.

La tulipe, que les Persans regardent comme le symbole de l'amour parfait, a pris son nom du rapport de sa forme avec celle du turban des Turcs, qu'ils appellent *tulipant*.

ANYKA,

CONTE ORIENTAL.

Près de Smyrne, jadis, dans ces belles prairies
Que la simple nature a rendues si jolies,
Où l'on vient chaque soir, après les feux du jour,
Respirer un air pur tout en parlant d'amour,
Là, au bord de la mer, Anyka, fiancée,
Au bras de son époux, avec amour pressée,
Goûtait tout le bonheur que nous font éprouver
Les doux épanchements d'un cœur qui sait aimer :
Dédaignant tous les deux le monde et la richesse,
Oubliant l'univers dans leur vive tendresse,
Rien ne peut les distraire, et des champs la beauté,
Et de l'astre des nuits la brillante clarté,
Qui, sur l'eau reflétée, en couleurs argentines

Produit à l'infini des lames cristallines...
Ils sont tout à l'amour, au charme de s'aimer!
Mais le temps passe, hélas! déjà, sans y songer,
Ils sont bien éloignés de la ville de Smyrne.
L'aurore commençant à dorer la colline,
Vient pâlir chaque étoile, et colorant les cieux,
Du soleil d'un beau jour fait pressentir les feux.
Quand tout à coup, près d'eux, un bruit se fait entendre.
Ils s'arrêtent, ô ciel!... sans pouvoir se défendre.
Dans le même moment, l'un à l'autre arrachés,
Enlevés tous les deux, tous les deux enchaînés,
Malgré leur désespoir et leur vive prière,
Malgré de leur amour la douleur trop amère,
Aux pieds d'un noir pirate alors on les conduit :
De la douce Anyka, dont la beauté séduit,
On sépare Alcibad, qui, le cœur plein de rage,
En d'inutiles cris épuise son courage!!!
. . . .
. . . .
Depuis l'événement, deux ans étaient passés;
Nos malheureux amants, qui vivaient séparés,
N'avaient pu se revoir! mais d'une amour constante,
Anyka, tendre et belle, à l'âme caressante,
Esclave chez les Turcs, et maudissant son sort,
Rêve à son bien-aimé, puis désire la mort.
Au balcon du harem, tristement appuyée,
Le regard vers le ciel, pensive, et trop livrée
A d'amers souvenirs, ses grands yeux languissants
Sont humides de pleurs, qui peignent ses tourments;
L'on pourrait voir briller aux rayons de la lune,
Ses larmes qui longtemps, en tombant une à une
Couvrent les cheveux noirs qui voilent son beau sein.
Elle appelle Alcibad; mais, hélas! c'est en vain!
L'amoureux rossignol, au ramage bien tendre,
Veille sous le bocage et seul se fait entendre.
Le calme de la nuit, le doux parfum des fleurs,
De son âme affligée augmentent les douleurs!!!
Cependant un objet, en tombant auprès d'elle,
Vint terminer enfin sa rêverie cruelle.
Quelle surprise, ô ciel! et quel ravissement!
A ses pieds sont des fleurs!!! Pour calmer son tourment
Une tulipe, hélas! symbole de constance
Vient au nom d'Alcibad, lui parler d'espérance!
Vainement elle cherche, et voudrait découvrir
L'être mystérieux qui les fit parvenir.
Mais quel regret, hélas! tout est calme près d'elle,
Et l'écho seul répond lorsque sa voix appelle!
Regardant son bouquet, et de tous les rubans
Interprétant le sens si plein de sentiments,
Le couvre de baisers, l'arrose de ses larmes,
Goûte enfin le bonheur d'un moment plein de charmes!
Alcibad vit pour elle en lui gardant son cœur.
Cette douce pensée adoucit son malheur!
. . . .
Cependant au harem le jour qui va paraître
La force de rentrer, et lui rappelle un maître.
Elle sort du balcon, espérant que le soir

Le messager discret pourra se faire voir.
De ce nouveau mystère elle est inquiétée;
A quelle impatience elle a l'âme livrée!
Combien chaque heure est lente au gré de son désir!
Et comme le jour tarde à vouloir se finir!
Pourtant voici la nuit, la nuit tant souhaitée!
Déjà, depuis longtemps, sur le balcon penchée,
La douce et belle esclave écoute, cherche au loin,
A peine respirant, regarde avec grand soin,
Mais, hélas! ne voit rien! Déjà la nuit s'avance!
Elle pleure, gémit, et n'a plus d'espérance;
Mais, ô joie! ô bonheur! dans l'ombre elle aperçoit
Un vieux noir qui s'approche, et puis par lui reçoit
Cette fleur qui toujours, interprète de l'âme,
Vient d'un amant aimé lui peindre encor la flamme,
Lui dire qu'en secret on cherche à la sauver,
Et qu'Alcibad demain viendra la délivrer;
Qu'au milieu de la nuit, il faut qu'avec prudence,
Et du Dieu tout-puissant réclamant l'assistance,
Elle attache au balcon l'échelle qu'avec soin
L'on tresse en ce moment; et puis alors au loin
Un esquif préparé, les emmenant tous deux,
Leur rendra le bonheur en couronnant leurs feux!
Alcibad! Alcibad! tendre objet de ma flamme!
Étoile du bonheur... vers toi vole mon âme!
Mais comme mon cœur bat et semble se briser!
Oh! si j'allais mourir sans pouvoir t'embrasser!!!
Ivre de son bonheur, sa force l'abandonne,
Et de crainte et d'amour tout son beau corps frissonne!
. . . .
Mais reprenant courage, en attendant la nuit,
Elle compte chaque heure, et du soleil qui fuit
Va suivre les rayons s'éloignant dans la nue.
Déjà l'ombre a couvert l'horizon, que sa vue
Confond avec les bois, les rives d'alentour;
Elle va donc revoir l'objet de son amour!
Se soutenant à peine, inquiète, tremblante,
Le tourment de son cœur rend son âme mourante!
Enfin l'heure est venue! et sans bruit s'approchant,
Jusque sous le balcon s'avance son amant;
Il la voit... il l'entend... que son âme est charmée!
L'échelle qu'il lui jette est par elle attachée,
Puis elle va descendre, encore un seul instant,
Il pourra la presser sur son cœur languissant!
Mais d'où viennent ces cris? quoi l'alarme est donnée?
La trop douce Anyka se sent l'âme brisée!
Alcibad, hors de lui, tire son yatagan;
Il entend qu'on approche, il n'a plus qu'un moment,
Monte, prend Anyka, qui s'est évanouie,
Puis, défendant les jours d'une si belle vie,
A travers les soldats il se fait un chemin,
Toujours en se battant il court, arrive enfin,
Et sautant dans la barque à la poupe dorée,
Va bientôt loin du port, sauver sa bien aimée!!!

CHAPITRE II.

MYOSOTIS.

(FAMILLE DES BORRAGINÉES).

FLEUR. — Calice persistant à cinq lobes unis. — Corolle à un tube court, un limbe à cinq lobes échancrés au sommet, également unis. — Cinq étamines alternes aux cinq lobes de la corolle. — Stigmate simple. — Les fleurs sont en épi, contournées en queue de scorpion.

FRUIT. — Quatre noix ou cariopses uniloculaires; ces noix adhèrent par le côté intérieur à la base du style, et sont protégées par le calice persistant; les graines sont attachées aux parois de la noix.

FEUILLE. — Sessile, alterne, à fibres pennées, mucilagineuse.

RACINE. — Rameuse, vivace, brune à l'extérieur; elle donne une teinte rougeâtre.

PORT. — Tige rameuse, cylindrique, haute de douze à quinze pouces.

LIEU. — Les marais, les plaines humides.

CULTURE. — Le myosotis, qu'on appelle vulgairement *Aimez-moi, ne m'oubliez pas*, se multiplie par les graines ou par les éclats des pieds; il se sème après les dernières gelées. Il faut toujours choisir les terrains humides, sinon marécageux.

Dans les myosotis des champs, les fleurs sont beaucoup plus petites; elles se montrent dans le printemps et se succèdent tout l'été; un groupe de ces jolies petites fleurs réunies dans un vase, forme un effet gracieux, l'hiver surtout, où les fleurs naturelles sont plus recherchées. Dans ce but, on les sème avant l'hiver, ayant soin de les tenir dans un endroit chaud et très-clair, et de mettre sous le vase une assiette remplie d'eau, afin que la terre où elles sont semées soit toujours humide.

EXTRAIT MÉDICAL.

Le myosotis n'est pas employé en médecine, bien que sa fleur jouisse évidemment des mêmes propriétés que les autres borraginées, telles que *la bourrache* (*borrago officinalis*), et *la Buglose* (*anchusa officinalis*), dont les fleurs sont émollientes, pectorales, et légèrement sudorifiques; à cet effet, on verse de l'eau bouillante sur ces fleurs, comme sur le thé, et après quelques minutes d'infusion, on boit tiède et sucré.

COURS DE PEINTURE.

FLEUR. — Bleu cobalt mêlé légèrement de smalt. — Retouche. Smalt mêlé de très-peu de bleu de Prusse. — Étamine. — Gomme-gutte. — Retouche. Jaune indien mêlé de terre de Sienne brûlée.

FEUILLES. — Bleu de Prusse anglais mêlé de gomme-gutte. — Retouche. Indigo, sépia, gomme-gutte.

HISTOIRE.

Le myosotis, symbole de l'amour constant, a fourni le sujet de contes charmants, dont l'existence remonte aux traditions les plus anciennes : on raconte entre autres, que deux jeunes amants, à la veille de s'unir, se promenaient sur le bord du Danube; la jeune fiancée ayant cueilli une branche de myosotis, laissa tomber cette fleur, qui fut emportée par le vent et jetée dans le Danube; la jeune fille, qui avait admiré cette fleur, la voyant sur les vagues prêtes à l'entraîner, plaignit sa fâcheuse destinée, s'en reprochant la cause : aussitôt l'amant se précipite dans le fleuve, saisit la tige fleurie, et reste englouti dans les flots, qui l'emportent loin de sa jeune amie. On dit que par un dernier effort il jeta la fleur sur le rivage, s'écria : Aimez-moi, ne m'oubliez pas..., et disparut pour toujours!...

La culture des fleurs date de la plus haute antiquité, surtout chez les peuples des bords de l'Indus et du Gange; chez eux, la religion avait consacré plusieurs plantes dans lesquelles ils pensaient que résidaient quelques divinités tutélaires; ils les cultivaient dans des jardins sacrés, où de jeunes vierges, élevées dans le sacerdoce, avaient pour toutes fonctions la charge de les soigner, de les arroser, et d'en former ensuite des guirlandes et des couronnes.

Les Chinois et les Égyptiens ont eu de tout temps la passion des fleurs; ainsi que les Grecs, ils se paraient dans les fêtes en portant des couronnes formées des plus belles fleurs : non-seulement elles servaient de parure aux femmes et aux jeunes gens dans les fêtes, mais les prêtres s'en couronnaient dans les cérémonies religieuses, les conviés dans les festins, les philosophes et les guerriers dans les jours de leur triomphe. Des faisceaux de fleurs couvraient les tables, et, mises en guirlande, on les suspendait aux portes dans les circonstances heureuses.

Un simple particulier, nommé Amasis, offrit au roi égyptien Partamis, une couronne de si belles fleurs, que le monarque lui donna en échange son amitié et le commandement de ses armées; mais, plus tard, Amasis paya d'ingratitude tant de bonté, et se servit de ces mêmes armées pour détrôner son bienfaiteur.

Les Romains, pendant les premiers siècles, négligèrent la culture; mais, sous les derniers consuls, ils avaient un goût très-prononcé pour les fleurs, et ne tardèrent pas à le porter à l'extrême comme toutes leurs passions. Cicéron, dans sa troisième action contre Verrès, lui reproche d'avoir parcouru la Sicile dans une litière, où il y était mollement étendu sur des feuilles de roses, ayant une couronne de fleurs sur la tête, et une autre autour du cou (an de Rome 684).

Pendant le règne des douze Césars, les Romains ne se contentèrent plus d'employer les fleurs en couronnes ou en guirlandes, comme les Grecs, ils poussèrent ce goût jusqu'à l'extravagance. Ils effeuillaient des fleurs sous les portiques de leurs palais, dans leurs appartements et jusque dans leurs lits. Bien qu'ils ne cultivaient les fleurs que dans leurs champs, ne les admettant pas dans leurs jardins, c'est à eux que nous sommes redevables des vitraux ou châssis pour abriter les fleurs, et leur donner plus de chaleur.

Il y avait à Rome plusieurs fêtes célèbres, les *consuales* (enlèvement des Sabines). Pendant la durée de cette fête, les chevaux, les mulets et les ânes, couronnés de fleurs et exempts de travail, formaient de brillantes cavalcades et parcouraient les rues de Rome. Les jeux *floraux* et les *floréales* en l'honneur de Flore. D'abord chastes et décents, ces jeux dégénérèrent en bacchanales; la licence la plus effrénée y régnait : on les célébrait la nuit à la lueur des torches, par des orgies et des danses lascives dans lesquelles les courtisanes se livraient aux plus honteux désordres. Les *neptuales*, où les chevaux, les mulets et les ânes couronnés de fleurs jouissaient des mêmes avantages que le jour des *consuales*. Les *vestaliennes*, solennité célébrée par les boulangers en l'honneur de Vesta, mère de Saturne; ce jour-là on faisait des festins dans les rues; on ornait de guirlandes les moulins et l'on promenait les ânes couronnés. Les *fontinales*, où l'on plongeait dans les puits et les fontaines des couronnes de fleurs que l'on mettait ensuite sur la tête des enfants.

LE MYOSOTIS ET LE PAPILLON.

FABLE.

Je voudrais bien savoir, disait un papillon
Au myosotis des champs, quelle étrange raison
Te fait avec grand soin cueillir par tout le monde?
Qui peut valoir en toi, cette estime profonde?
Ta beauté, quelle est-elle? à peine on t'aperçoit,
Un herbier médical jamais ne te reçoit,
Je ne te connais point d'odeur ni de mérite;
Tandis que moi si bien, et qu'en vain l'on imite,
Pour la beauté des tons et les riches couleurs
Dont je suis tout brillant, je n'ai pas les honneurs
Qu'on te prodigue à tort; quelquefois, par folie,
On cherche à m'attraper, mais bientôt l'on m'oublie!
— J'en conviens, dit la fleur, je ne puis comparer
Mes bien faibles moyens à celui de charmer,
Ainsi que ta beauté; mais souvent de l'absence
Je charme les ennuis; comme une souvenance,
Un amant me chérit, et si, dans la douleur,
Il doit vivre caché, comme un peu de bonheur,
Vite on me donne à lui : je suis son héritage!
Enfin, veux-tu savoir d'où me vient l'avantage
D'être bien plus que toi préférée, en faveur?
Tu sais charmer les yeux... mais moi, je parle au cœur!

TRISTES MOMENTS.

Mon ange, mon bon ange, oh! veille sur ma mère!
Disait avec douleur, dans sa vive prière,
Une fille à genoux, les yeux baignés de pleurs;
Oh! veille sur ma mère, et puis à mes malheurs
Ne viens pas ajouter une peine cruelle,
Une douleur, hélas! qui serait éternelle!...
Pour prolonger sa vie, ah! faudrait-il donner
La moitié de la mienne, ou même partager
Sa trop longue insomnie et sa vive souffrance,
Je le ferais de cœur! mais n'ai plus d'espérance...
Et mon âme est brisée!!! Ah! si ma voix vers toi
Pouvait se faire entendre, et qu'une vive foi
Pût obtenir pour elle un moment doux et calme,
Que je te bénirais, et trouverais du charme
A compter les instants qui, passés sans douleurs,
Lui rendraient le sommeil et tariraient mes pleurs!!!
Elle dit : près du lit, s'approchant de sa mère,
Elle vient en tremblant prendre sa main si chère,
Lui consulte le pouls, cherche dans son regard
Tout le progrès des maux qui le rendent hagard,
Et, perdant tout espoir, s'efforce de sourire :
Tu vas mieux, bonne mère! et déjà tu respire
Avec facilité; prends courage, crois-moi;
Bientôt tu seras mieux. Veux-tu boire? dis-moi?
La soutenant d'un bras, puis lui tenant la tasse,
Doucement la fait boire, et tendrement l'embrasse!
Mais, lui serrant la main : Bonne et trop chère enfant!
Dit sa mère bien bas; je cause ton tourment.
Ah! que j'ai de regrets, à mon heure dernière,
De te voir rester seule ainsi dans la misère!
Bien jeune encore, hélas! sans parents, sans amis,
Sans être protégée, ayant mille soucis,
Qui voudra partager ta triste destinée?
Qui comprendra ton âme à la douleur livrée?
Non! tu ne m'auras plus pour consoler ton cœur!
Isolée dans le monde et bien loin du bonheur,
Tes jours s'écouleront comme une ombre qui passe!
Triste jouet du sort, comme un roseau qui casse,
Ton cœur sera brisé! Jamais une affection
Ne viendra te donner une douce émotion!
Tu seras seule enfin, et bien vieille avant l'âge,
Je ne te vois d'espoir que dans ton seul courage!
Mais si tu le perdais dans de tristes moments,
Songe à moi, chère enfant, et qu'à tous les instants
Mon âme près de toi, pour consoler la tienne,
Viendra t'encourager : puis, tel malheur qui vienne,
Et tels cruels chagrins qu'on te fasse éprouver,
Redouble de courage et pour mieux les braver
Cherche dans ton travail une ressource sûre,
Conserve de ton cœur la franchise si pure,

Et forte de toi-même, en comblant tous me vœux,
Sois toujours vertueuse, entends-tu? je le veux!
Ah! ma mère! dit-elle (et le cœur plein de larmes),
Pourquoi, dans ce moment, augmenter mes alarmes?
Pourquoi faut-il, hélas! combler mon désespoir,
Et venir me parler de ne plus vous revoir?
Ma bonne et tendre mère... en vous est ma famille!...

....

Je te bénis de cœur... Approche-toi, ma fille,
Sois confiante en Dieu, invoque-le pour moi;
Tu vivras sans plaisirs, mais aussi sans effroi.
Laisse à mon triste corps suivre la loi commune;
Mais rappelle-toi bien, surtout dans l'infortune,
Heureuse ou malheureuse, et n'importe l'endroit,
Que ta mère te plaint, te protége et te voit!!!

....

La pauvre fille alors tenant sa main glacée
Livrée au désespoir avait l'âme navrée!
Ah! ma mère... ma mère!! O ciel!... quoi! tu n'es plus!!!
C'en est donc fait, hélas! tu ne m'entendras plus!!!
Sensible et bonne mère, ah! ma meilleure amie,
Non je ne puis sans toi traîner ma triste vie?
Car tu ne viendras plus dans mes jours malheureux,
Partager, adoucir mon sort trop rigoureux!
Et moi ne pourrai plus dans ta douce caresse,
Oublier près de toi, la peine qui m'oppresse;
Seule, au milieu du monde, y restant sans soutien,
A qui pourrai je donc confier mon chagrin?
Par ce malheur affreux je n'ai plus d'espérance.
A quoi sert donc, hélas! ma pénible existence?
Dans ma peine profonde, et ma vive douleur
L'on ne comprendra plus mon bien malheureux cœur!
Mais, hélas! c'en est trop! mon âme anéantie
Va bientôt, je l'espère, abandonner la vie!...
Elle allait succomber, lorsque levant les yeux,
Elle aperçut alors, l'ange qui dans les cieux,
Sert, dit-on, d'interprète aux âmes confiantes,
Et porte vers son Dieu leurs prières ferventes;
Il soutenait sa mère, et tous deux vers la nue,
Disparurent bientôt, la laissant tout émue!!!...
Bonne mère, dit-elle (alors se prosternant),
Daigne veiller sur moi, protége ton enfant!...
O vous, Dieu que j'implore! ô vous que je révère!
En dirigeant mon cœur, faites que je préfère
Le sentier de l'honneur à celui des plaisirs.
Puis dans ma peine amère exauçant mes désirs,
Soutenez mon courage et mon âme mourante,
Protégez mes travaux et ma verve tremblante,
Soyez mon guide enfin, mon appui, mon sauveur,
Prenez sous votre garde et mon âme et mon cœur!!!

CHAPITRE III.

LILAS.

(FAMILLE DES JASMINÉES).

FLEUR. — Corolle tubuleuse dont le limbe a quatre parties. Les étamines, cachées dans le tube, sont au nombre de deux, rarement trois. Les fleurs, petites, nombreuses, disposées en grappes, sont d'un lilas d'abord très-foncé, qui s'éclaircit à mesure que la fleur s'épanouit.

FRUIT. — Capsule ovale comprimée, à deux loges, à deux valves uniloculaires, à deux graines attachées à la partie supérieure de la cloison qui se divise.

FEUILLES. — Opposées, pétiolées, cordiformes, pointues, lisses et très-glabres.

RACINE. — Fort longue et très-chevelue.

PORT. — Arbrisseau. S'élevant de dix à quinze pieds de haut.

LIEU. — Originaire d'Orient; s'acclimate dans tout pays.

CULTURE. — Il doit être mis en pleine terre franche, légère, de préférence à l'exposition du levant. Il se multiplie par les rejetons, marcottes, boutures et graines.

Le lilas de Perse, qui se cultive dans presque tous les jardins, exige plus de chaleur que le précédent; il ne s'élève guère que de quatre à cinq pieds de haut. Ses feuilles sont lancéolées, entières, et pinnatifides dans quelques variétés. Le lilas est le symbole de la discrétion.

EXTRAIT MÉDICAL.

Jusqu'à présent la médecine n'a utilisé aucune des parties de cet arbrisseau; cependant l'écorce de sa tige jouit d'une amertume particulière, qui devrait lui asservir quelques propriétés médicales, mais qu'il faudrait soumettre à l'expérimentation.

Les fumeurs qui se servent de bourgeons de chêne peuvent les remplacer par ceux de lilas. On prétend qu'ils sont d'un goût agréable.

COURS DE PEINTURE.

FLEUR. — Carmin et bleu de Prusse. Vous variez vos nuances en mettant plus ou moins de l'une de ces couleurs. — Retouches. La même teinte, en ajoutant légèrement du carmin brûlé, et de la sépia pour les parties plus sombres.

FEUILLES. — Jaune indien, indigo. — Retouches. Même teinte ajoutant un peu de sépia et de terre de Sienne brûlée.

HISTOIRE.

Ce furent les Perses qui, les premiers, après avoir longtemps cultivé les fleurs avec autant de soins que de sagesse, pensèrent à réunir dans leurs jardins ce genre d'agrément à celui plus utile du potager.

Lorsqu'au huitième siècle les Arabes, sous la conduite des califes, s'emparèrent de l'Espagne et y rallumèrent le flambeau des sciences, ils ornèrent la ville de Grenade de palais magnifiques et de jardins superbes dans lesquels ils cultivèrent des fleurs.

On est encore dans le doute si le langage des fleurs a pris son origine dans la Grèce, l'Arabie ou la Turquie. On est plus porté à croire qu'il fut dû à l'esclavage des femmes turques, qui, par ordre suprême, ne pouvaient s'occuper ni de sciences, ni d'art, ce fut donc par désœuvrement, qu'elles composèrent cette langue du cœur, qui devint plus tard l'interprète de bien grandes passions.

Les Gaulois, conservèrent pendant longtemps des mœurs dures et sauvages, et ne s'occupèrent de la culture des fleurs que longtemps après les autres peuples. Ce ne fut que sous Charlemagne que, la civilisation commençant à faire des progrès, les Français cultivèrent les plantes. Au treizième siècle, elles devinrent presque une mode, grâce aux croisés qui en rapportèrent de fort belles de la Syrie et de l'Égypte. Les moines surtout charmèrent les ennuis du cloître par la culture de leurs parterres. Depuis ces dernières époques, les fleurs furent étudiées avec plus de soin et devinrent un des premiers ornements des jardins.

En 1525, quelques particuliers pensèrent à former des jardins botaniques. Conrad Gessner fut un des premiers. La Hollande eut un jardin botanique en 1577, l'Allemagne en 1580. En 1591, nous dûmes à Ferdinand Ier, fils de Côme de Médicis, la première serre chaude et tempérée. En 1597, Henri IV fonda le jardin botanique de Montpellier et celui de l'École de médecine. En 1626, Louis XIII créa le jardin botanique du roi, appelé le Jardin des Plantes, qui éclipsa tous les jardins botaniques de l'Europe.

AMÉDÉ,

OU L'ENFANT ITALIEN.

Un sou!... par charité, un sou, je vous en prie,
Disait en sanglotant un enfant d'Italie;
Hélas! loin de ma mère, exilé, sans soutien,
Pour venir à Paris j'ai fait bien du chemin;
Sur ma route trouvant, dans la moindre chaumine,
A souper, à coucher, et toujours bonne mine,
Je croyais qu'une fois arrivé dans Paris,
Mon sort ne serait plus accablé de soucis;
Mais dans ce grand village où le monde se presse,
S'en va, revient, s'arrête et se heurte sans cesse,
Je reste inaperçu, nul ne voit mes douleurs!...
J'ai faim... oh! j'ai bien faim... et pourtant de mes pleurs
Il me faut en secret cacher jusqu'à la trace;
Car en me rudoyant, et d'un ton qui me glace,
On me dit: Paresseux, il vous faut travailler.
Oh oui! mes bons messieurs, je voudrais bien gagner...
Mais ils sont déjà loin... et moi, dans ma souffrance,
Je n'ose plus prier... je n'ai plus d'espérance!...
O mon Dieu! que j'ai froid!... Voici le jour qui fuit;
Que vais-je devenir seul et pendant la nuit?...
Au moins dans mon hameau, malgré notre misère,
Je trouvais du pain noir, et puis, près de ma mère,
Me couchant sur la paille, à côté de ma sœur,
Quand la nuit approchait, je n'avais jamais peur...
J'ai si froid... j'ai si faim... et je suis dans la rue,
Sans qu'une âme, en passant, en paraisse être émue!
Je vous quittai, ma mère... et croyais revenir...
Mais, hélas!... sans vous voir... je vais bientôt mourir!
. . . .
. . . .
Les boutiques fermaient, et, malgré la nuit sombre,
Quelques passants tardifs marchaient au loin dans l'ombre,
Quand, près de sa maison, l'un d'eux vit en rentrant
Cet enfant étendu, privé de sentiment.
Il s'arrête, le pousse, et puis en vain l'appelle...
L'Italien reste sourd; lorsque l'idée cruelle
Que peut-être il se meurt vint frapper ses esprits;
Il cherche du secours, il appelle à grands cris:
L'on sort de sa maison et de suite on l'y porte,
On le couvre, on l'échauffe, on fait de telle sorte
Que bientôt cet enfant, ranimé doucement,
Soupire, ouvre les yeux, et, demeurant tremblant:
Ah! Monsieur, lui dit-il, donnez-moi de l'ouvrage,
Monsieur, je vous en prie, oh! j'aurai du courage.

— Calmez-vous, mon enfant, disait avec bonté
Ce disciple rempli de tant de charité,
Reposez-vous d'abord, et demeurez sans crainte,
Puis, quand vous m'aurez dit votre histoire sans feinte,
Vous resterez chez moi, et là, sans grand tourment,
Vous pourrez travailler, vivre heureux et content.
Cet homme qui parlait, dont l'âme généreuse
Sauva cet Italien d'une mort bien affreuse,
Était riche banquier, veuf, ayant une fille
Tout au plus de huit ans, et comptant pour famille
Tous les gens malheureux; on trouvait près de lui
Douce et noble assistance, et la peine d'autrui,
Qu'il comprenait si bien, se trouvait moins amère;
Il consolait le cœur, soulageait la misère;
Toujours en l'abordant on était plus heureux.
Mais pour en revenir à notre malheureux,
Reconnaissant en lui très-grande intelligence,
De l'esprit naturel, beaucoup de prévoyance,
Et trouvant cet enfant très-actif, très-zélé,
Pour n'avoir pas douze ans et seul abandonné,
Il le fit habiller, lui choisit une école,
Où bientôt ce garçon aima, comme une idole,
L'étude, le travail, et devint le premier :
Tout surpris, fort content, alors notre banquier,
Voyant dans cet enfant vraiment de la sagesse,
Puis chaque jour pour lui prenant de la tendresse,
Le mit dans un collége, et bientôt lui donna
Les maîtres qu'il voulut. Oh! comme après cela
Notre jeune homme, ému de tant de bienfaisance,
Eût désiré prouver que sa reconnaissance
Était grande et profonde, et que chaque bienfait
Lui faisait souhaiter de se rendre parfait!
Il travaillait sans cesse, était bon camarade,
Très-fier par caractère, et pourtant sans bravade,
Estimé, protégé, chéri de ses amis,
Partageait leur bonheur, égayait leurs soucis.
L'on eut bien du regret, à sa vingtième année,
Quand de se séparer l'ordre eut été donné!
Ses cours étant finis, le vieux banquier voulait
Qu'il revînt près de lui, car il le chérissait
Comme un fils bien-aimé. Sans nulle jalousie
La jeune Louisinka, fille douce et jolie,
De son père approuvait les marques de bonté
Dont il comblait toujours le charmant Amédé;
Elle aimait ce jeune homme; aussi fut-ce une fête
Le jour où le banquier vint le mettre à la tête
De ses nombreux bureaux; de toute sa maison
Lui donna le travail. Il eut vraiment raison.
Ce jeune homme bientôt, d'une âme peu commune,
Sut si bien diriger ses biens et sa fortune,
Qu'au bout de quelque temps il l'avait fait doubler;
Puis, travaillant toujours, parvint à la tripler.
Mais ce charmant jeune homme, au printemps de la vie,
Par un chagrin profond dont son âme est remplie,
Plus triste chaque jour, et toujours plus souffrant,
Se livre à la douleur, puis devient languissant;
Évitant le banquier, fuyant jusqu'à sa fille,

Il semble tressaillir au seul nom de famille :
C'est en vain que chacun désire découvrir
La source d'un chagrin qui le fait tant souffrir !
La jeune Louisinka, dont l'amitié bien tendre,
Veut l'entourer de soins dont il sait se défendre,
Un matin près de lui se plaignait vivement,
De toute sa froideur, de l'oubli apparent
Dans lequel il la laisse : O mon ami, dit-elle,
Vous êtes bien chagrin, vous n'avez plus de zèle,
Loin d'être confiant, vous me fuyez toujours...
Peut-être... pour une autre... oubliant nos amours...
Arrêtez, Louisinka, ô ciel ! qu'allez-vous dire?
Moi, vous oublier?... moi? que ne pouvez-vous lire
Dans ce malheureux cœur qui vous est dévoué,
Vous le verriez toujours par l'amour déchiré,
Par l'amour poursuivi... ne pouvant rien prétendre!...
Car enfin, Louisinka, vous devez me comprendre;
Je vous aimai de cœur dès mes plus jeunes ans,
Je ne vous cachai pas mes tendres sentiments...
Mais combien à mes yeux je me vois condamnable,
De nourrir un amour qui, je sens, est coupable...
Vous le savez, hélas! exilé, pauvre enfant,
Trouvé seul dans Paris, la nuit, presque expirant,
N'ayant pour vêtement qu'un vieil habit de bure...
Puis-je donc oublier mon origine obscure?
Payer d'ingratitude un père, un bienfaiteur,
Et remplir ses vieux jours d'une longue douleur,
Puis paraître abuser de toute sa tendresse,
Pour mieux séduire ainsi votre faible jeunesse!...
Je n'ai pu me défendre, hélas! de vous aimer,
Mais je ne puis oser jusqu'à vous m'élever;
Je connais ma naissance, et sais qu'elle est commune,
Que pour comble de maux je n'ai point de fortune...
Si vous saviez combien il m'a fallu souffrir!..
Par grâce, par pitié, me laisseriez mourir!...
Vous me plaignez, hélas! vous répandez des larmes...
Je suis bien malheureux de causer vos alarmes...
....
Je vais trouver mon père, ah! dit-elle en pleurant,
Je vais lui tout compter, à ses pieds me jetant...
— Oh non! vous n'irez pas; oh! je vous en supplie...
Que de chagrins, hélas! viendraient troubler sa vie!...
— Depuis longtemps j'écoute, et j'ai tout entendu...
Tout...! leur dit en entrant le banquier bien ému.
Vous pleurez, mes enfants... Eh bien! séchez vos larmes.
Embrassez-moi tous deux... dissipez vos alarmes...
Je t'admire... je t'aime, Amédé, calme-toi,
Je te donne ma fille, et m'acquitte envers toi;
Ton travail assidu, ton zèle infatigable
Ont triplé tous mes biens! Je veux être équitable,
La moitié t'appartient : tu rougis de ton nom?
De ta simple famille? Oh quelle prévention!
Tu naquis courageux, franc, loyal et sincère,
Humain sans vanité, ton âme est noble et fière,
Ton cœur reconnaissant est toujours généreux,
Crois moi, ces vertus-là n'ont pas besoin d'aïeux.

eprince de B*** pinx^t Lith. par Mme Leprince de B***

TULIPE.

rince.

Imp. de Lemercier, Benard et Cie

www.ingramcontent.com/pod-product-compliance
Ingram Content Group UK Ltd.
Pitfield, Milton Keynes, MK11 3LW, UK
UKHW012307240726
13966UKWH00004B/1711

9 782012 891081